LIVING SPACE Ⅰ

新空间·起居室 Ⅰ

编者：新空间编辑组

辽宁科学技术出版社

LIVING SPACE I

新空间·起居室 I

编者：新空间编辑组

辽宁科学技术出版社

005

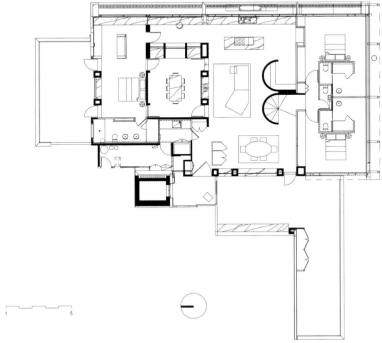

1 5

006

007

009

011

013

014

016

017

021

022

023

024

025

029

031

033

035

037

039

041

042

043

045

047

049

050

051

052

053

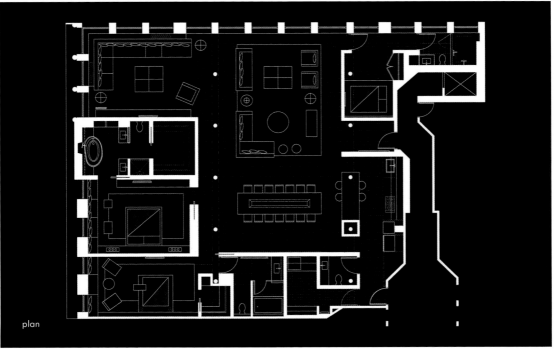

plan

054

055

056

060

061

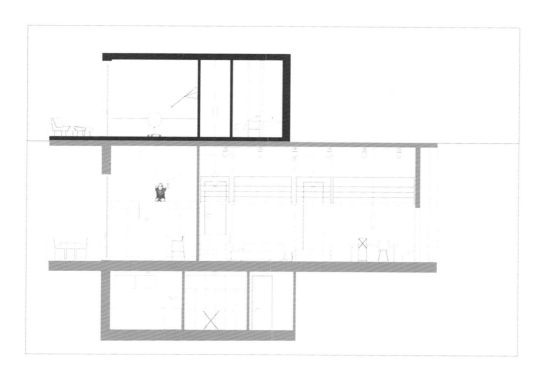

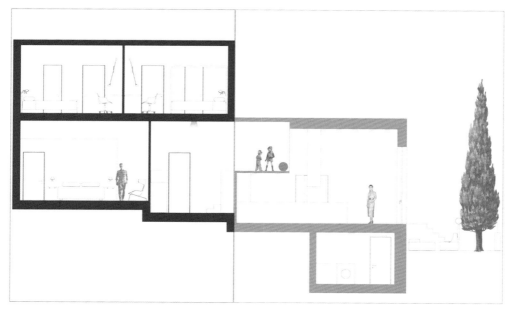

063

065

067

069

071

073

075

077

079

081

083

084

087

088

089

091

094

095

098

099

101

103

105

123

127

129

131

132

133

135

137

138

143

145

147

149

153

155

157

61

165

169

171

174

177

179

183

185

186

187

189

191

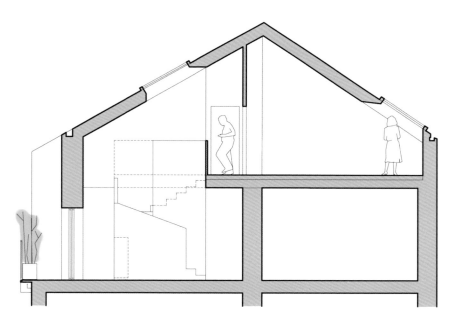

195

197

201

203

205

207

211

213

216

219

221

225

227

231

232

234

235

241

242

243

244

247

249

250

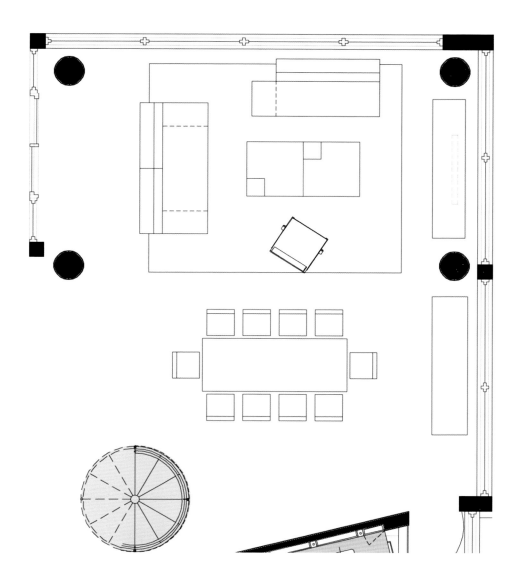

251

252

253

254

257

258

259

261

265

271

273

277

278

279

280

283

285

287

290

293

Index 索引

Index 索引

图书在版编目（CIP）数据

新空间 . 起居室 .1 / 《新空间》编辑组编 . –
沈阳 : 辽宁科学技术出版社 , 2014.12
ISBN 978-7-5381-8794-6

Ⅰ . ①新… Ⅱ . ①新… Ⅲ . ①起居室－室内装饰设计
－世界－图集 Ⅳ . ① TU238-64

中国版本图书馆 CIP 数据核字 (2014) 第 194272 号

出版发行：辽宁科学技术出版社
　（地址：沈阳市和平区十一纬路 29 号 邮编：110003)
印 刷 者：利丰雅高印刷（深圳）有限公司
经 销 者：各地新华书店
幅面尺寸：170mm×225mm
印　　张：19
插　　页：4
字　　数：10 千字
印　　数：1 ～ 1000
出版时间：2015 年 3 月第 1 版
印刷时间：2015 年 3 月第 1 次印刷
责任编辑：殷 倩
封面设计：何 萍
版式设计：何 萍
责任校对：周 文
书　　号：ISBN 978-7-5381-8794-6
定　　价：88.00 元

联系电话：024-23284360
邮购热线：024-23284502
E-mail: lnkjc@126.com
http://www.lnkj.com.cn
本书网址：www.lnkj.cn/uri.sh/8794